Discovery Education 探索·科学百科（中阶）

3级A1 从种子到森林

全国优秀出版社
全国百佳图书出版单位

广东教育出版社

中国少年儿童科学普及阅读文库

探索·科学百科™ 中阶

从种子到森林

3级A1

[澳]莱斯利·迈法德恩⊙著

董晓宇(学乐·译言)⊙译

Discovery
EDUCATION™

全国优秀出版社
全国百佳图书出版单位
广东教育出版社 掌蕨

广东省版权局著作权合同登记号
图字：19-2011-097号

本书原由 Weldon Owen Pty Ltd 以书名 *DISCOVERY EDUCATION SERIES·From Seed to Forest*

（ISBN 978-1-74252-187-9）出版，经由北京学乐图书有限公司取得中文简体字版权，授权广东教育出版社仅在中国内地出版发行。

图书在版编目（CIP）数据

Discovery Education探索·科学百科. 中阶. 3级. A1，从种子到森林/［澳］莱斯利·迈法德恩著；董晓宇（学乐·译言）译. 一广州：广东教育出版社，2014.1

（中国少年儿童科学普及阅读文库）

ISBN 978-7-5406-9385-5

Ⅰ.①D… Ⅱ.①莱… ②董… Ⅲ.①科学知识－科普读物 ②植物生长－少儿读物 Ⅳ.①Z228.1 ②Q945.3-49

中国版本图书馆CIP数据核字（2012）第162184号

Discovery Education探索·科学百科（中阶）

3级A1 从种子到森林

著 ［澳］莱斯利·迈法德恩　　译 董晓宇（学乐·译言）

责任编辑 张宏宇 李 玲 丘雪莹　　助理编辑 李颖秋 于银丽　　装帧设计 李开福 袁 尹

出版 广东教育出版社
　　　地址：广州市环市东路472号12-15楼　邮编：510075　网址：http://www.gjs.cn
经销 广东新华发行集团股份有限公司　　　　　　印刷 北京顺诚彩色印刷有限公司
开本 170毫米×220毫米　16开　　　　　　　　印张 2　　　字数 25.5千字
版次 2016年5月第1版　第2次印刷　　　　　　装别 平装

ISBN 978-7-5406-9385-5　　定价 8.00元

内容及质量服务 广东教育出版社 北京综合出版中心
　　　　电话 010-68910906 68910806　网址 http://www.scholarjoy.com
质量监督电话 010-68910906 020-87613102　购书咨询电话 020-87621848 010-68910906

目录 | Contents

石炭纪：3.54 亿～2.9 亿年前。
最早的陆地植物出现在沼泽中。

二叠纪：2.9 亿～2.48 亿年前。
在凉爽的二叠纪里，结种子的树出现了。

三叠纪：2.48 亿～2.06 亿
苏铁类在比较干燥的三叠纪里

树木：从远古到现在

在宇宙大爆炸后的数百万年里，地球一直是个灼热的，充满毒气的，没有生命的行星。直到 4 亿年前，真正的陆地植物才出现。从这些古老的祖先开始，今天的孢子植物、种子植物乃至有花植物（被子植物）才相继演化出来。

银杏类
　　属二叠纪时期的种子植物类群（即所谓的裸子植物），如今只剩下一个物种了。

苏铁类
　　具有结种子的巨大球果，它们出现于三叠纪，有 140 种存活到了今天。

松柏类
　　是最常见的裸子植物——侏罗纪以来，有550 种松柏类存活下来或者演化出来。

木贼类
　　木贼类依靠烟尘般的颗粒——即"孢子"来繁殖，依旧和它们石炭纪时的祖先非常相像。

红花桉
　　最高等的被子植物，现今主导着树木界。

木兰类
　　一种古老的有花植物，也可叫做被子植物。木兰类出现于白垩纪。

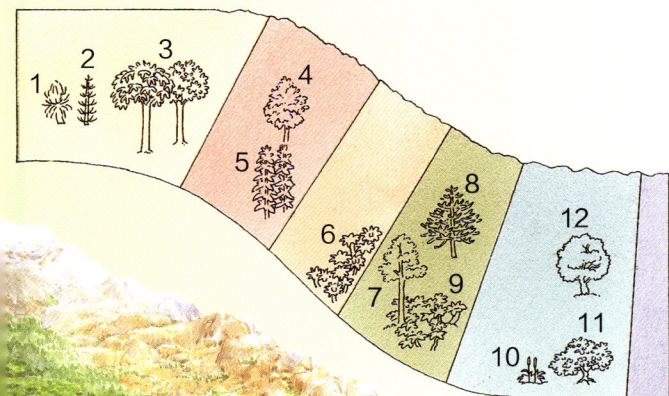

□ **石炭纪**

由于没有什么竞争对手，巨大的石松类（译注：隶属蕨类）（1），巨大的木贼类（译注：隶属蕨类）（2）以及科达目植物（译注：一类已灭绝的裸子植物）都能长得很高。

□ **二叠纪**

银杏类（4）和松柏类（5）开始与石炭纪的优势植物竞争。

□ **三叠纪**

有多种植物可供恐龙选择，包括能够产生种子的苏铁类（6）。

□ **侏罗纪**

松柏类的新成员——落羽杉类（7）和智利南洋杉（8）下方覆盖着蕨类植物（9）。

□ **白垩纪**

最早的有花植物（被子植物）——芦荟类（10），木兰类（11）以及杨柳类（12）开始出现了。

□ **古近纪**

高等被子植物在树木中占据了主导地位。

侏罗纪：2.06 亿～1.44 亿年前。
□□类在凉爽湿润的侏罗纪演化出新物种。

白垩纪：1.44 亿～6 500 万年前。
最早的有花植物——或者说被子植物出现了。

古近纪：6 500 万～2 300 万年前。被子植物成为主要的树木种类。

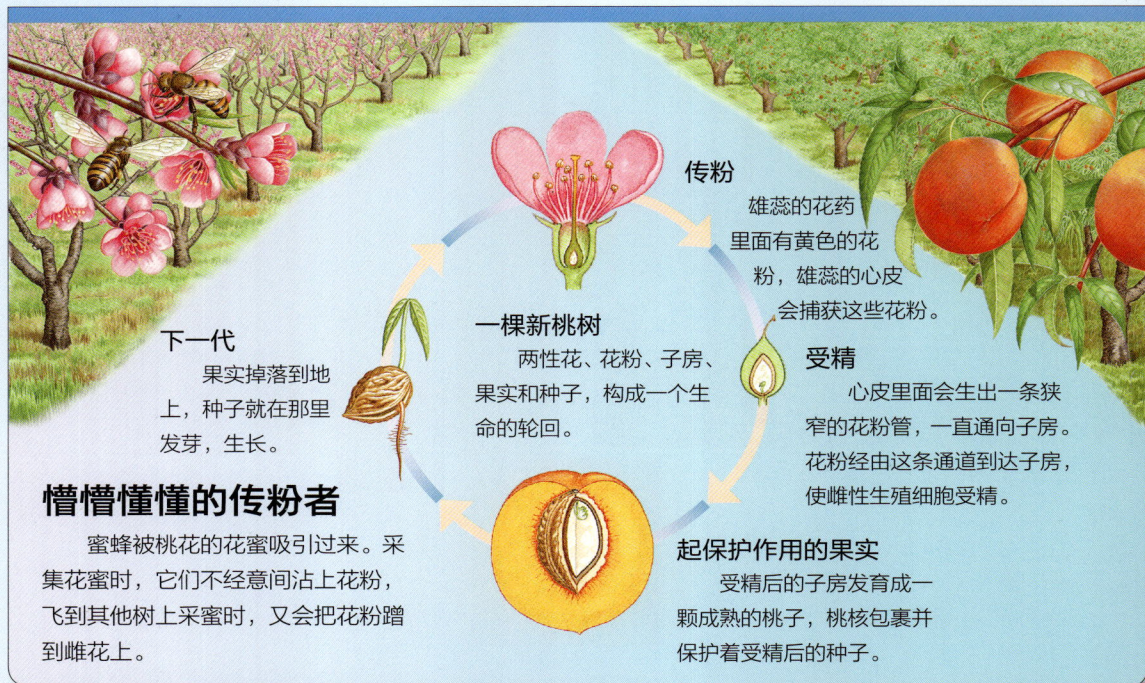

传粉

雄蕊的花药里面有黄色的花粉，雄蕊的心皮会捕获这些花粉。

一棵新桃树

两性花、花粉、子房、果实和种子，构成一个生命的轮回。

受精

心皮里面会生出一条狭窄的花粉管，一直通向子房。花粉经由这条通道到达子房，使雌性生殖细胞受精。

下一代

果实掉落到地上，种子就在那里发芽，生长。

懵懵懂懂的传粉者

蜜蜂被桃花的花蜜吸引过来。采集花蜜时，它们不经意间沾上花粉，飞到其他树上采蜜时，又会把花粉蹭到雌花上。

起保护作用的果实

受精后的子房发育成一颗成熟的桃子，桃核包裹并保护着受精后的种子。

发芽和生长

树在一个固定的地方扎根，所以需要一点外力来协助它们繁衍后代。昆虫、鸟类、哺乳动物还有风会把花粉带到长着成熟雌性细胞的树上。授粉后，胚在种子内发育。适宜的阳光、温度以及水分让种子抽出第一根枝条和第一条根——这个过程叫做发芽。如果种子掉在结出它的那棵树下面，大树就会和小种子争抢阳光和水分。具有薄翅状结构的种子能借风力飘到别的地方，其他的种子就得依靠被动物吃下，未消化的那些种子可能会被排泄在比较理想的地方。

总算上岸了

椰子很沉，但其结构很适合漂流，它们可能漂了数千千米才最终被冲到岸上。

漂流的椰子

　　椰子实在太大了，既不能通过风传播，也没法被动物整个吞下。椰子树只能依靠海洋和河流来传播他们的种子。种子在水里漂流，最终被冲上一片新的沙滩或者河岸。

不可思议！

　　桉树靠火来炸裂种子的外壳，散播种子。母树可能被烧成灰烬，但这样就给新一代的种子留下了生长发育的空间。

准备好发芽了

　　椰子们依靠自己的储备粮——椰汁所提供的能量，胚开始抽出第一根枝条，长出根来。

破壳而出

　　根系从土壤里汲取水分，芽长到足够粗壮就会破壳而出。

根系和树皮

树木的每一个部分都有它自己的作用。树根除了用来固定和支撑树木，还负责从土壤中吸收水分和矿物质，用以维系树木的生存。树皮保护着树干中正在生长的木质部。树皮虽由死细胞组成，但可以防御虫害，保持水分，它保护着内部各层活细胞。

红树林的支持根

红树林生长在浅滩，它们长着支持根以保持自身稳定以及吸收空气中的氧气。

板状根

雨林中的树木根系都很浅。所以它们需要地面上的树根来支撑或者拱扶高大的树干。

榕树的根

榕树伸展的枝干需要额外的支撑。气生根从榕树的分枝上长出，垂到土里，成为榕树主干以外的躯干。

春季生长迅速　　夏末生长缓慢

年轮

一些树木春天和夏初时生长迅速，到夏末生长速度就缓慢下来，秋冬时生长停滞。在树木的横断面上，浅色年轮显示出春天生长迅速，深色年轮对应夏末的缓慢生长。

一层又一层

树干的最外面四层由不同的细胞组成：分别是起保护作用的细胞、制造新树皮的细胞、把养分从树叶带到树木其他部分的细胞以及负责分裂增长的细胞。再下面就是树木的边材以及心材，心材又叫做木心。

树皮含有死细胞。

木栓形成层含有新细胞。

韧皮部负责把养分从树叶运送到各个地方。

维管束形成层包含分生细胞。

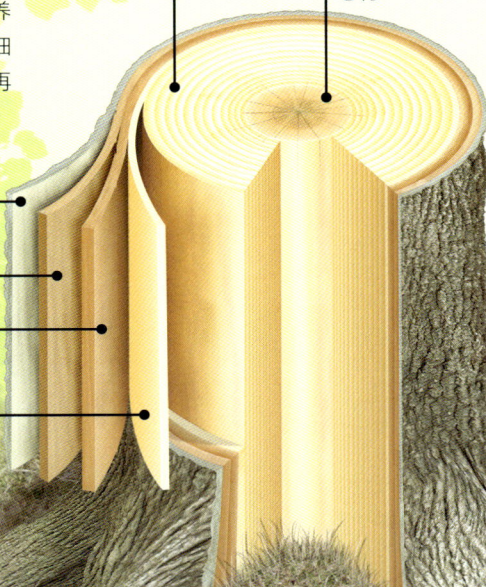

边材　　心材

破损的树皮

在没有浆果也没有坚果能吃的时候，松鼠会咬破树皮吸食有甜味的树汁。对它们所造成的破坏，树木需要点时间自我修复。

别致的树皮

一些树木的种类靠树叶来辨识，而还有一些树木，通过树皮就可以辨识。

彩虹桉

悬铃木

松树渗出树脂

黑胡桃

光合作用

所有生物都需要能量来维持生存和生长。植物不像动物那样通过捕猎来获得能够提供能量的食物，而是通过光合作用来合成自己需要的营养。叶片中储藏了二氧化碳（CO_2）、水（H_2O）和矿物质。当太阳升起来，阳光照到叶片上时，化学反应会把这些原材料转化为葡萄糖，然后被运输到植物体的各个部位去。

阳光

叶片就像太阳能板，它们通过吸收阳光，来提供光合作用所需的能量。

净化空气

在光合作用的过程中，森林中的树木大量地吸收二氧化碳，释放氧气（O_2），净化了空气。

水

降水后，一部分水分被蒸发。

氧气

氧气被释放到大气中。

二氧化碳

二氧化碳被吸收。

4. 由叶子制造出来的葡萄糖溶解在树汁中，靠韧皮部细胞运送到树木的各个部位。

3. 阳光射进叶子里面的叶绿素上，引发二氧化碳和水转化为葡萄糖的化学反应。

2. 叶子上微小的气孔张开，从空气中吸收二氧化碳。

水和盐类从根部朝上运送。

叶子吸收光能。

葡萄糖溶解在树汁里，传送到树木的各个部位。

一部分水分蒸发到空气中。

多余的氧气被释放到空气中。

1. 根系从土壤中吸收水分和矿物质，这些营养被持续不断地向上输送到叶子里。

5. 剩余的氧气（红色箭头所示）和水分（蓝色箭头所示）通过气孔排放到空气中。

自己制造食物
　　树木的每一个部位都参与到光合作用里来了：根吸收水分和营养；叶子制造葡萄糖；树干和树枝运输养分。

识别树木

裸子植物是常绿植物。叶片是针形的，种子藏在球果里。被子植物的叶子较宽，每年开花，种子长在果实里面。有很多被子植物是落叶植物（秋天时它们的叶子会脱落）。裸子植物和被子植物这两类植物均包含数千个物种，树形、树皮的样子、叶片、球果、花以及果实都能用来识别植物的种类。

莫顿湾无花果

这种巨大的、枝叶开展的雨林植物有板状根。它的果实最初是橙色的，熟的时候变成紫色。

欧洲白栎

欧洲白栎树形宏伟端庄，它是落叶树，栎树的果实橡子长长的，基部有一个杯状的壳，覆盖了橡子三分之一的面积。

美国榆

美国榆的树形顶部宽，种子扁，且周围有一圈薄纸状的翅，这让它能够乘风飞行。

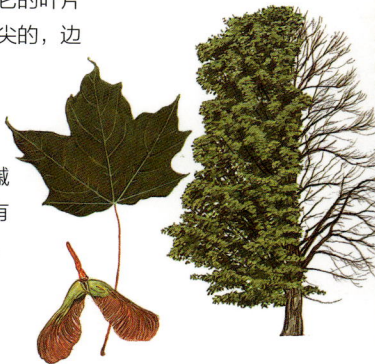

垂枝桦

垂枝桦的穗状雄花序和雌花序很长，被称作柔荑花序。它的叶片是三角形的，叶子末稍尖尖的，边缘呈锯齿状。

糖槭（qì）

加拿大国旗上印有糖槭的叶子。这种植物的叶子有三个大裂片，两个小裂片。糖槭的果实是双翅果。

欧洲山毛榉

落叶树欧洲山毛榉的果实呈三角形，经常成对地长在一个钉子状的壳内。

北非雪松

一种金字塔状的针叶树，针状叶轮生，圆柱形的球果顶端平坦。

辐射松

辐射松树顶圆，它的针叶是簇生的，长而且末端钝，球果呈卵形。

香脂冷杉

香脂冷杉树顶尖，针叶扁平，大球果直立在枝条上。

海滨木麻黄

木麻黄看似长着针状叶和球果，但实际上属被子植物。它的小枝是针状的，真正的叶是融合进小枝节间的棕色鳞片。

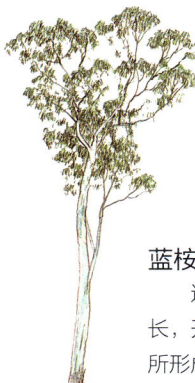

蓝桉

这种桉树的花三个一组生长，开花时花从花萼和花被片所形成的帽状体顶部冒出来。

非洲刺葵

非洲刺葵的羽状叶能长到 4.5 米长。橙色的果实一簇簇地挂在树上。

美国扁柏

这种金字塔形的常绿植物具有带皱鳞的小球果。没成熟时小球果呈蓝绿色，成熟时转为棕色。

蝠翼刺桐

这种落叶植物的叶子看起来像蝙蝠翅膀，豆形的红色珊瑚花朵，树皮和枝干上还有刺。

世界上的森林

在过去的 2 000 年中，虽然地球上森林的面积几乎减少了一半，不过依旧覆盖着百分之三十的陆地。我们依照森林中的优势树种把地球上的森林划分为六个主要类型。气候是一个地区生长哪些树木的决定因素——一些物种耐寒，一些物种需要温暖的气候和大量的水分。纬度决定了气候，所以各种类型的森林是横向分布的。

剩下的森林

大约有百分之五十的森林分布在俄罗斯（寒带针叶林）、巴西（热带雨林）以及北美（温带阔叶林和针叶林）。

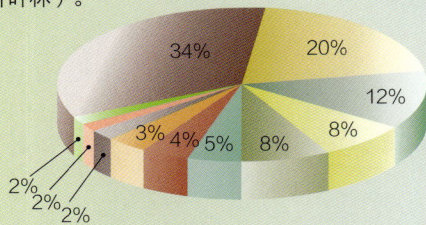

34%　20%　12%　8%　8%　5%　4%　3%　2%　2%　2%

图例

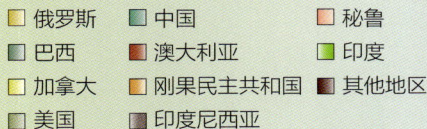

- 俄罗斯
- 中国
- 秘鲁
- 巴西
- 澳大利亚
- 印度
- 加拿大
- 刚果民主共和国
- 其他地区
- 美国
- 印度尼西亚

图例

主要的森林类型

寒带
现存的森林
消失的森林

温带针叶林
现存的森林
消失的森林

温带阔叶林
现存的森林
消失的森林

温带雨林
现存的森林
消失的森林

热带雨林
现存的森林
消失的森林

热带季节性森林
现存的森林
消失的森林

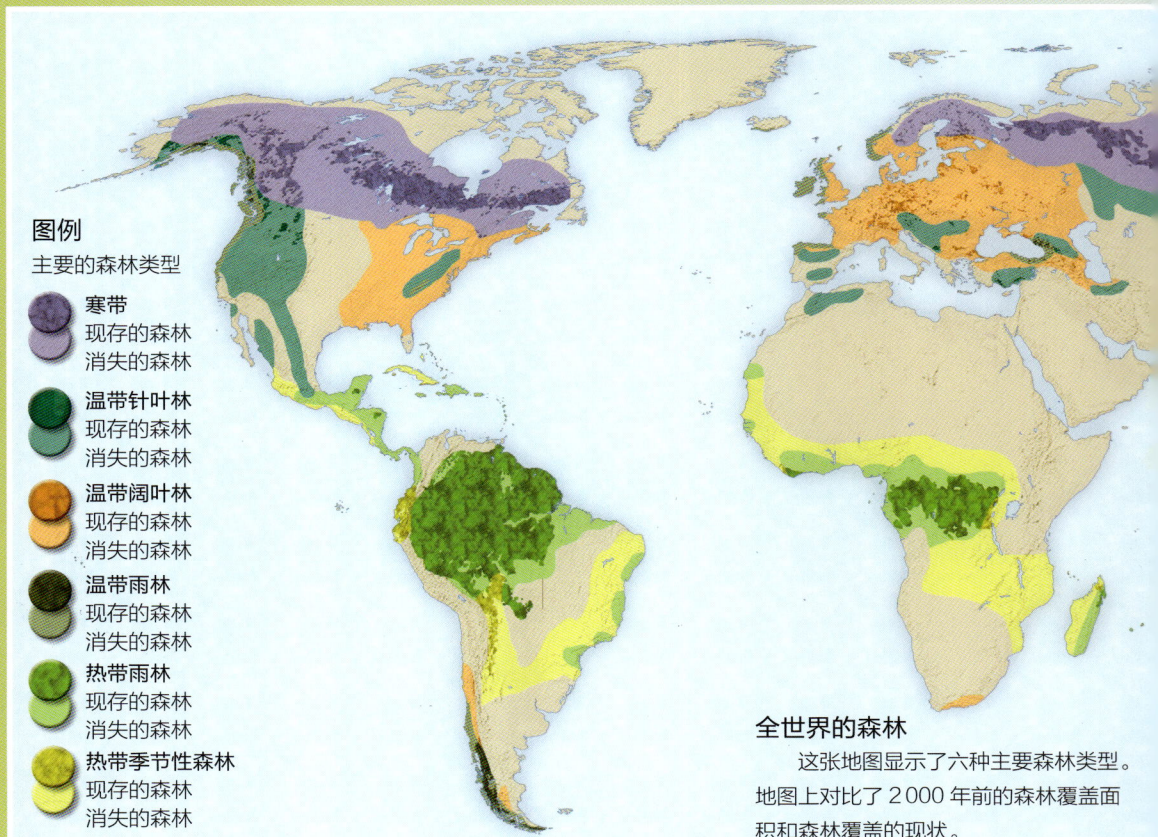

全世界的森林
这张地图显示了六种主要森林类型。地图上对比了 2 000 年前的森林覆盖面积和森林覆盖的现状。

土壤和根系

温带森林的土壤里，养分在地下深处。雨林的土壤贫瘠，但营养来自落叶层和腐殖质。

温带森林的树木根系直入土壤深处。

雨林中的树木根系浅浅地长在土壤表层。

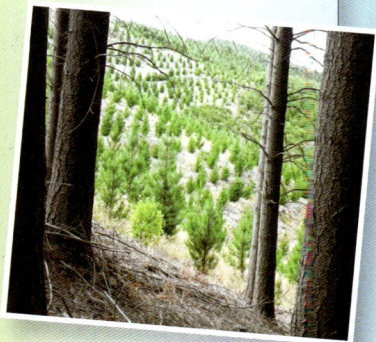

保育

如果我们以前就明白森林是有限的资源，那么可能被保存下来的森林面积就会比现在多。保存本应该是最好的选择，不过目前的解决办法只能算是保育。保育包括增强公众意识、重新造林以及寻找木材的替代品。

重新造林

重新造林的工作包括在苗圃中种植本土树种的幼苗，然后把它们移栽到遭到部分破坏或者彻底毁坏的森林里去。

森林种植园

人们像对待其他农作物那样，在人造林或者种植园里种树，然后收割树木。这类种植园现在供应着一部分我们所需的木材。

林场

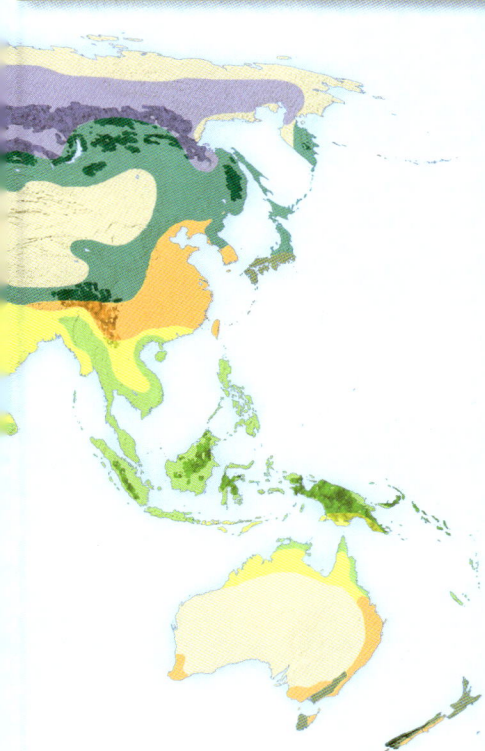

人们在美国的这个林场里买走一棵圣诞树，就相当于保住了天然林中的一棵针叶树。

寒带森林

最 北部的寒带森林——西起美国阿拉斯加和加拿大，经由北部的斯堪的纳维亚，东至俄罗斯——构成了当今世界上最广阔的森林。在北半球的高纬度地区，冬季漫长而寒冷，夏季短暂且湿润。寒带森林中大多数树木是针叶树，伴生着极少数能忍耐严寒的阔叶树。

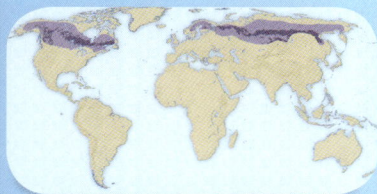

萨米人

萨米人是欧洲现存最古老的民族，大约有 7 万萨米人在挪威、瑞典、芬兰和俄罗斯的寒带森林里放牧驯鹿。他们的小木屋（萨米语叫做"lavvu"）易拆易装，他们和半家养的驯鹿一起在森林中过着游牧生活。

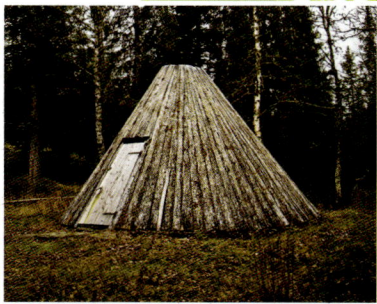

针叶树

针叶树依赖于穿过寒带森林的风循环生长。

下一代

一些种子发芽、生长起来，又一个生命周期开始了。

带翅的种子

种子的翅能够带着它们随风飘到适合发芽的地方。

传粉

雄球花释放出的花粉被吹到附近的黏性雌球花上。

种子在成长

雌球果在种子成熟、释放之前会膨胀到平时的四倍左右。

加拿大的寒带森林

　　加拿大分布着全世界大约三分之一的寒带森林，又叫做泰加林。加拿大的泰加林最宽阔的地方大约有 1000 多千米。这些森林是 5000 年前生长起来的，比最近一次冰期稍微晚些。

寒带森林中的动物

　　正如树木一样，只有一些适应寒冷气候的动物才能在寒带森林中生活。

驼鹿

　　驼鹿可以忍耐极寒，但受不了高温。

狼

　　狼的大脚和有蹼的脚趾很适合在雪地上行走。

美洲黑熊

　　母熊和小熊冬眠，公熊偶尔会在冬季活动。

豪猪

　　爬树的时候，豪猪使用后腿和尾巴上的刚毛抓握树干。

温带森林

春季

大多数现存的温带森林分布在北半球，这些森林横向分布于寒带森林和北回归线之间。温带森林可以分为三类：阔叶林、针叶林以及稀少的温带雨林。每种类型都只能存在于相应的气候下。温度、降水以及土壤决定了森林中生长着哪些树木。

针叶林
北美洲西部、欧洲南部以及亚洲的温带针叶林的温度变化范围是 30℃至零下。林下植物很有限，极少数物种能在针叶树的落叶中生长。

阔叶林
北美和欧洲的阔叶林中有许多种落叶树木，包括水青冈、橡树、榆树、柳树、枫树、山胡桃、椴树、杨树以及木兰。林下植物也很丰富。

雨林
温带雨林分布在智利、北美、新西兰以及澳大利亚的一些地区，它需要大量的雨水。在北半球的温带雨林中，针叶树很常见，南半球的温带雨林以树蕨和阔叶树为主。

秋季

夏季

冬季

季节变化

　　落叶树在不同的季节看起来很不一样。在阔叶树林里面，季节变化格外显著——春季有颜色各异的花朵，夏季有水果和坚果，秋季有金色、红色和橙色的叶子，冬季只有光秃秃的树干。

动物

　　三种温带森林为动物提供了不同的生存环境，每种动物都在这些生态系统中发挥着特定的作用。

花栗鼠

　　北美花栗鼠贪吃坚果、水果和浆果。

黇（tiān）鹿

　　黇鹿生活在欧洲阔叶林中，只有雄鹿才有鹿角。

鸮（xiāo）鹦鹉

　　新西兰雨林中这种不能飞行的鹦鹉现在濒临灭绝。

鼯（wú）鼠

　　这种鼯鼠生活在北美的温带森林，能够在树间滑翔。

热带森林

两类热带森林中，雨林面积更大，也更广为人知。这类森林所在的地方气温在 20℃ ~35℃ 之间，年降水量 1750 毫米，位于南美、非洲和东南亚的赤道周边地区。热带季节性森林分布地点距赤道稍远一些，降雨量少，旱季很长，长着落叶树而非雨林中的常绿树。

亚诺玛米人

这个部落生活在巴西雨林中奥里诺科河源头的附近。亚诺玛米人从森林中捕猎和采集食物，但他们的主食是富含淀粉的芭蕉（一种像香蕉的水果）以及芭蕉叶上的白蚁。

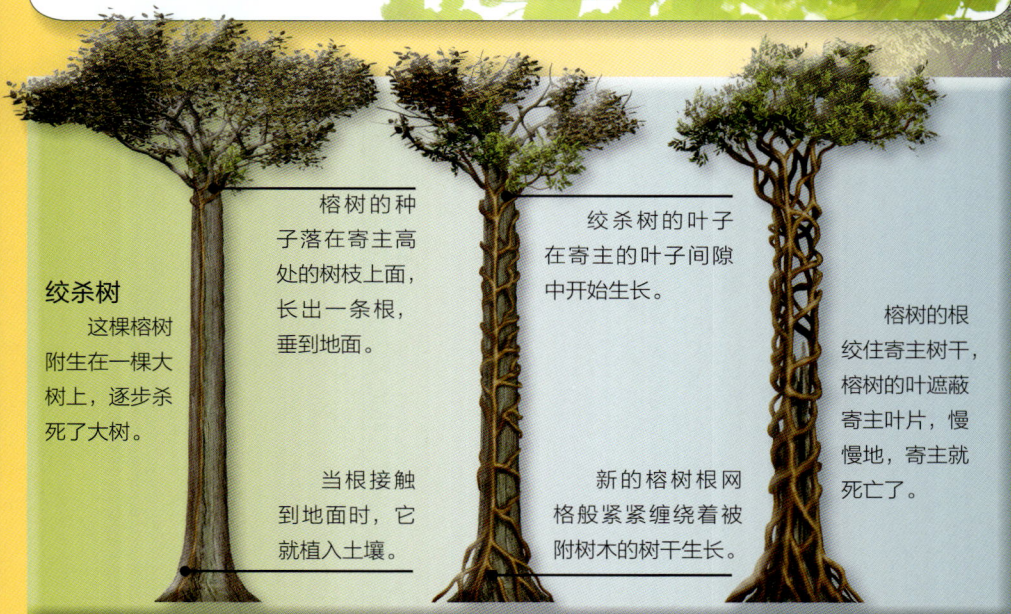

绞杀树
这棵榕树附生在一棵大树上，逐步杀死了大树。

榕树的种子落在寄主高处的树枝上面，长出一条根，垂到地面。

当根接触到地面时，它就植入土壤。

绞杀树的叶子在寄主的叶子间隙中开始生长。

新的榕树根网格般紧紧缠绕着被附树木的树干生长。

榕树的根绞住寄主树干，榕树的叶遮蔽寄主叶片，慢慢地，寄主就死亡了。

开路

雨林中一棵树的死亡，不仅仅让阳光照射到阴暗的森林地表，死树还会腐烂、自然分解，给新生的树提供养分。

雨林中的动物

热带雨林的各个群落层，例如阴暗的森林地表、光影斑驳的林下层，以及开放的树冠层都生活着动物。

凤尾绿咬鹃

这种绿咬鹃生活在中美洲雨林的树冠层。

吼猴

这种聒噪的猴子在雨林的冠层和地表之间上蹿下跳。

红眼树蛙

这种能够攀爬的蛙类生活在地面和林下层。

巨嘴鸟

托哥巨嘴鸟在雨林冠层的树洞中筑巢。

原来的森林
覆盖面积

现在的森林
覆盖面积

南美雨林

和其他地方的森林一样，亚马孙雨林一直处在人类定居和随之而来的基础建设的威胁之下。每年有等同于一个美国新泽西州面积大小的树林被砍伐。

人工林

现 在世界上约 25% 的森林是人工林。大多数经营林里有生长迅速的针叶树。生长中的每一个阶段——传粉、出苗、生长、移栽户外、疾病监控和治疗、采伐——都在细致的管理之下。

经营林

这类森林的每一片都是由在同一时期被移栽到户外的树苗组成的，所以每一片树林都处于同一生长阶段。

后期疏伐

20~30 年后树木会被疏伐一次，给余下的树开辟更多的生长空间。

移栽户外

树苗被种成一列一列的，相互间隔很近。

皆伐

一整块的成年树全被采伐了。

欧洲的森林

欧洲历史上半数的森林都消失了，这主要是人口增长所致。城市、街道、铁路、发电站以及矿山占据了曾经的森林。

原来的森林覆盖面积

现在的森林覆盖面积

整地

松针和树根被埋入地下，以便为新苗提供养分。

早期的疏伐

一些瘦弱的树会被移走，出售。

成年树

最好的成年树要长 60 年之久。

林场

林场里的树被栽种成一列一列的直线，每列间有一定的距离。这些间距使管理者能够进行机械化除草，也方便以后使用电锯操作砍伐。

树木的利用

木 材的用途广泛，可以将它割成各种形状、用来雕刻、抛光或者是刷上油漆。人们用它造房子、制造家具、船、乐器、纸以及铅笔。木材除了可以使用外，我们还可以吃树上结的水果和坚果，从叶子中获得染料和纤维，从树汁中获得橡胶和枫糖，许多药物和防腐剂也来自树木，最可喜的是获得这些宝物并不需要砍倒树木。

制造独木舟

全世界滨海和靠水居住的人们几个世纪以来一直在造木船。每种文明都拥有他们自己的传统设计，这些设计都使得他们的船最适合当地的水域。

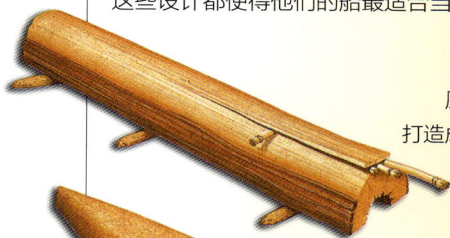

原木被纵向切开，打造成平底。

把船舷、船尾和桨的木料削到合适的厚度，然后打造出来。

翻过来，掏空内部。

注入热水，木头变软，用几个座板撑开船体。

桨和船尾常常被雕刻或装饰一番，现在这些部分都组装好了。

图腾柱

在许多文明中都曾发现过雕刻的木质图腾。

从树木中获得的药物

森林的居住者以及国际制公司都知道许多树木具有药用能，而且还有越来越多的药用能正在不断被发掘出来。

抗疟疾药物奎宁来自金鸡纳树的树皮。

长春花是成为抗癌药配方的花朵之一。

自动化切割

在锯木厂，通过计算机算出的切割标准，既能最大限度地减少浪费，又能保证材料有足够的长度。

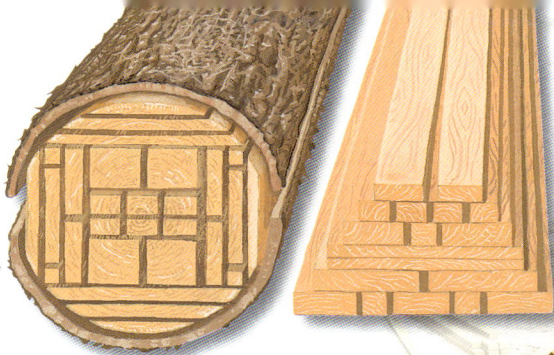

纹饰和色彩

通常会把一层好看的木头粘到廉价的木头表面，用以装饰。

桃花心木

来自热带雨林的桃花心木可用于制作吉他和小提琴。

栎木

栎木很硬，不会被虫蛀，一般用于建筑。

乌木

深色的乌木可用于制作钢琴的键盘以及门把手。

胡桃木

胡桃木可用于制作墙板、枪托以及高档汽车的方向盘。

樱桃木

樱桃木很适宜雕刻，常用来制造手工打制的家具。

木屋

木结构房屋在许多国家很常见。人们在框架、托梁、地板和内墙上使用不同的木材。

树木档案

树木种类繁多，历史悠久，所以关于树木有无数有趣的知识。一些树木高得令人吃惊，还有一些长寿得不可思议。一些树木的种子竟然跟随阿波罗 14 号航天器抵达太空然后再返回地面。这几百棵去过月球的树现在就栽种在美国各地。

长寿

象鼻虫幼虫

蛾子

树木是世界上最长寿的有机体，但它们常常不能寿终正寝，而是毁灭于虫害、病害、飓风、火灾或者伐木。

棕榈树

棕榈类的树木中有世界上最大的种子（椰子），最长的叶子（酒椰）以及最高的不分叉树木（蜡棕）。它们的树皮是纤维状的，切割后无法自我修复。

棕榈的全部叶子都来自一个芽

备用芽

生长在树枝末端的顶芽会抽条开花，而侧面小小的侧芽是备用的，仅在顶芽受损的情况下才会发育。

七叶树的侧芽

耐火

红杉木材的建筑抵御了 1906 年旧金山大地震后的火灾，于是灾后复建时人们就大量使用红杉木。

红杉木原木

纸

全世界每年有 40 亿棵树被刨成刨花，打浆造纸。美国人均纸产品用量每年 308 千克。

刨花

沙漠树木

为了能在高温干旱的沙漠中生存下来，箭筒芦荟在它纤维状的树干内以及肥厚的肉质叶中储藏水分。苍白的树皮和白色的树枝反射阳光，保护树体不会过热。

南非的箭筒芦荟

最高的树

　　这株名为"亥伯龙神"，长在加利福尼亚海边的红杉木是世界上最高的树，2006年测量高度为 115.2 米。

现存最长寿的树

　　美国加州有一棵 4 800 岁的狐尾松，它是世界上最长寿的树。瑞典有一株欧洲云杉，它的根已有 9 550 年的寿命，但从老根重新长出来的树则要年轻得多。

知识拓展

被子植物 (angiosperm)

开花的植物，种子包裹在心皮内。当今的大多数树木是被子植物，不过也有不开花的树，这种树叫做裸子植物。

花药 (anther)

一朵花中雄蕊顶部产生花粉的囊状结构。

寒带森林 (boreal forests)

在寒冷辽远的北方分布的森林带，远达北极圈。林中的大多数树木是针叶树。

阔叶 (broadleaf)

有花植物的宽而平的叶子，秋天往往从树上脱落。

形成层 (cambium)

树皮下面，紧挨着树皮的薄薄一层细胞，它们会持续分裂，向外制造树皮，向内制造木质。

冠层 (canopy)

树顶部的枝叶，就像盖子一样。

二氧化碳 (carbon dioxide)

空气中的一种气体，由植物叶片上的气孔吸收进植物体内。树木需要二氧化碳来制造养分。

心皮 (carpel)

一朵花中产生种子的结构，它包含子房以及能够收集花粉的柱头。

柔荑花序 (catkin)

一种没有柄、下垂的一整串雄花或者雌花，长在柳树之类的树上。

叶绿素 (chlorophyll)

在植物叶片细胞内的绿色物质，吸收太阳光的能量，用于光合作用。

落叶的 (deciduous)

这个词描述的是秋天叶子脱落，冬天没有叶子的树木。"落叶的"相对应的是"常绿的"。

生态系统 (ecosystem)

一个地区植物和动物的总和及其所在的物理环境，也包括那些生物生存环境中的土壤、水以及其他非生物元素。

胚 (embryo)

所有生物发育最初期。一棵树的胚指的是种子在受精后到发芽前的状态，种子中发育着的幼苗。

常绿的 (evergreen)

常绿指的是树木秋天不落叶，整年都长着叶子。"常绿的"相对应的是"落叶的"。

发芽 (germination)

种子抽出第一根枝条或者第一条根的阶段。发芽需要阳光、水分和氧气。

葡萄糖 (glucose)

富含能量，为生物成长所必需的一种糖。树木通过光合作用自己制造葡萄糖。

年轮 (growth rings)

树干横截面上的圆环，显示出树木每年的生长状况。浅色的圆环显示的是春季的生长状况，深色的圆环显示的是较缓慢的后面几个季节的生长状况。相邻的两个圆环合并在一起显示出一年的生长状况。

裸子植物 (gymnosperm)

一种不开花的树，只长出裸露的种子（没有子房），种子通常藏在球果中。针叶树、苏铁类以及银杏都是裸子植物。

心材 (heartwood)

树干中央最老、最硬的木头。

宿主 (host)

给寄生植物（例如绞杀树）提供寄生场所以及养分的树木。

殖质 (humus)

表层土壤以及部分或彻底分解的植物残体（叶子或木头）所形成的肥沃的混合物。

侧芽 (lateral bud)

长在树枝末端的侧面的芽。除非顶芽受损，否则侧芽会处于一直休眠的状态。

矿物质 (minerals)

树根从土壤中吸收的盐类。矿物质来自粉碎的金属和岩石，包含镁、铁、钾、钙、氮和磷等。

蜜 (nectar)

花制造出来的一种含糖液体，用来吸引昆虫和鸟类传粉者。

养分 (nutrients)

所有生物存活和生长所必需的物质。树木的养分包括根从土里吸收的矿物质以及叶子在光合作用中制造的糖类。

有机体 (organism)

单个生物——一棵植物或者一个动物。

子房 (ovary)

花里面包含雌性生殖细胞或胚珠的那部分。受精后子房会发育成果实。

寄生植物 (parasite)

从受害乃至被杀死的宿主那里获取养分的植物。

韧皮部 (phloem)

负责把养分运输到植物全身的管状活细胞。

光合作用 (photosynthesis)

树叶制造养分的过程。阳光、矿物质、水分和二氧化碳都可用来制造糖分，滋养树木。

花粉 (pollen)

一种黄色的微小颗粒，由花或球花的雄性生殖细胞制造。

传粉 (pollination)

花粉依靠昆虫、动物、鸟类或风传送到雌性生殖细胞的过程。

边材 (sapwood)

树中央的心材与树皮之间新长出的木材。边材含有从根往上运送水分和矿物质的细胞。

孢子 (spore)

蕨类植物产生的代替种子直接发育成新植株的单细胞微小颗粒。

气孔 (stomata)

叶片下表面的小孔，张开时吸收二氧化碳，释放水和氧气。

泰加林 (taiga)

在极北地区以针叶树为主的寒带森林的别名。

顶芽 (terminal bud)

长在树枝末端最重要的芽，来年会长出枝叶，有时会开出花朵。其他的芽会一直休眠，不发育，除非顶芽受损。

林下植物 (undergrowth)

生长在高大的树木下方，那些长得比较矮的灌木、小树和蕨类。

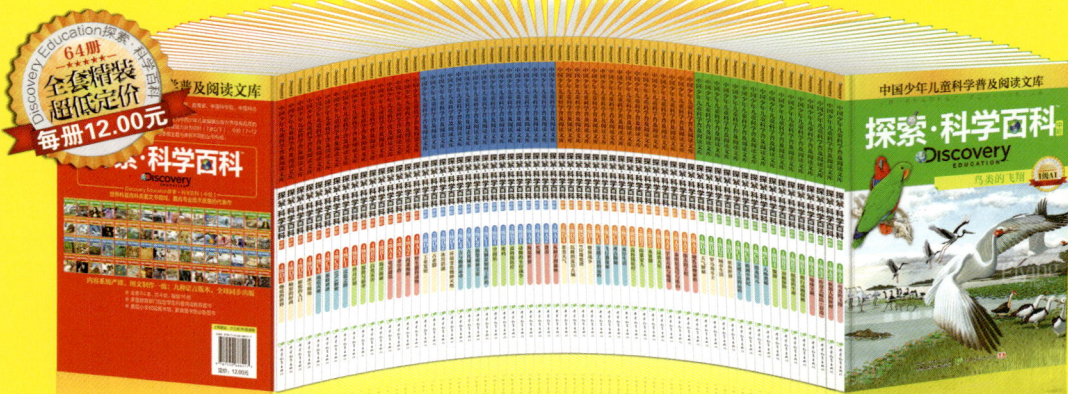